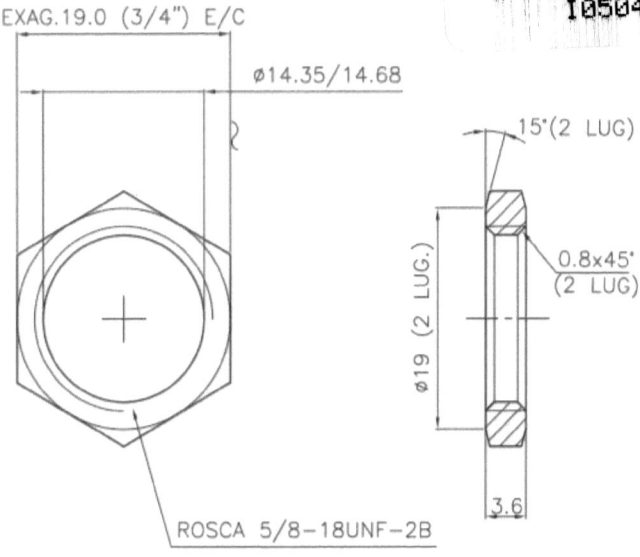

EXAG.19.0 (3/4") E/C

ø14.35/14.68

15°(2 LUG)

0.8x45°
(2 LUG)

ø19 (2 LUG.)

3.6

ROSCA 5/8-18UNF-2B

T0707

N10G0X15

Z0

M24

M0

M25

G0Z180

G92S1500M3

G96S100M3

N10T0909

G0X23M8

M8

```
N10Z-0.7

G1X22F0.2

X17.5Z0F0.12

X-0.5

G0Z0.5

X23

N10Z-4

G1X19.5Z-6.2

G0X24

N10G0Z120

T1010

N20G0X23.5

N30Z-0.7

N40G1X22.F0.1

N50X17.5Z0F0.07

N60X11

N70G0Z220

N80G97S500M3

T0606

N90G0X0

N100Z3

N110G1Z1F0.2

N120G1Z-1F0.05
```

```
N130Z-0.95

N140G1Z-1.5

N150Z-1.45

N160Z-2

N170Z-1.95

N180Z-2.5

N190G0Z200

G97S310M3

N200T0404

N10G0X0

N20Z1

N30G1Z-0.7F0.05

Z-0.6

G1Z-2

G0Z2

N10Z-1.95

G1Z-3F0.12

Z-2.95

Z-4

G0Z2

N10Z-3.95

N20Z-3.95

G1Z-5
```

```
Z-4.95

Z-6

G0Z2

N10Z-5.95

N20G1Z-5.95

Z-7

Z-6.95

N40G1Z-8F0.08

G0Z2

Z-7.95

G1Z-9

Z-8.95

Z-9.8

G0Z3

G0Z-9.7

G1Z-10.5

G0Z3

Z-10.45

G1Z-10.9

Z-10.85

Z-11.3

Z-11.25

Z-11.7
```

Z-11.65

Z-12

Z-11.95

G0Z3

Z-11.9

G1Z-12.5

Z-12.45

Z-13

Z-12.95

Z-13.5

Z-13.45

G0Z3

Z-13.45

G1Z-14

Z-13.95

Z-14.5

Z-14.45

Z-15

G0Z3

Z-14.9

G1Z-15.5

Z-15.45

Z-16

Z-15.95

Z-16.5

G0Z3

Z-16.45

G1Z-17

N40G0Z120

G92S1800M3

N50G96S85M3

N60T0202

G0X14.5

N70Z3

N80G1Z-4F0.18

X15Z-5

Z-6.2

N90G0X14.4

Z2

N90

N90G0X17.6

Z3

G1Z0

X14.6Z-1.2F0.1

Z-4

X15.8Z-5F0.1

```
Z-6.2

X14.5

X14.3Z-11

N10G0X14.25

Z200

M0

N10G97S43M3

T1212

G0X0

Z3.5

G84Z-9.8F1.411

G80

N30G0Z150

T0808

G92S1400M3

G96S60M3

N10G0X24

Z-6.6M8

G1X18F0.08

G0X23

Z-5.9

G1X22

X18Z-6.6
```

```
G0X18.2

G75R0.02

G75X16P400F0.08

G0X16.1

G97S800M3

N10G1X14F0.07

X13.8

X13.85

X13

X13.05

X12.5

X12.55

X12

X12.05

N10X11.3

N20G0X100

Z200

M76

N10M30

%
```

```
1ra op

:1624

N10T1010

N30G92S2800M3

N40G96S220M3

N50M8

G0X48

Z0

G1X-2.0F0.23

G0Z0.2

X45

N100G71U1.5R2

N110G71P1Q2U1.W0.05F0.3

N1G0X21.5

G1Z0

X25Z-1.6

Z-11.50

X40

X42Z-12.5

N2X45

N51G0X60
```

```
N61Z50

N71T1212

N81G0X-1.5

N91Z3

N101G1Z0F0.25

N111X21.5

N11X25Z-1.6

N21Z-11.50

N31X40

N41X42.0Z-12.6

N51G0X80

M76

N61Z100

N71M30

%
```

2da op

:1625

N10T1010

M8

N20G92S2400M3

```
N30G96S220M3

N40G0X48

N50Z0

N60G1X-1.2F0.25

N70G0Z0.3

N80X48

N90G71U1.5R2

N100G71P1Q2U1.W0.05F0.3

N1G0X19.5

G1Z0

X41.3Z-6.3

N2Z-10.5

N41G0X50

N51Z120

N61T1212

N71X-1.5

N81Z3

N91G1Z0F0.22

N101X19.5

N111X41.3Z-6.3

N121Z-10.75

X41.15

N131G0X80
```

N141Z120

N151T0606

N161G0X0

N171Z3

N181G97S1200M3

N191G1Z-1F0.08

N201G0Z0

N211Z-0.8

N221G1Z-2F0.11

N231G0Z0

N241Z-1.8

N251G1Z-4

N261G0Z0

N271Z-3.8

N281G1Z-6

N291G0Z0

N301Z-5.8

N311G1Z-7.5

N321G0Z80

N331T0404

N341G96S160M3

N351G0X11

N361Z3

```
N371G1Z0

N381X9.5Z-0.7F0.15

N391Z-6F0.17

N401X8

N411Z-6.5

N421X10

N431X8

G0Z2

X10

G1Z-6.5

X8

N441G0Z100

N451X150

M76

N461M30

N471

%
```

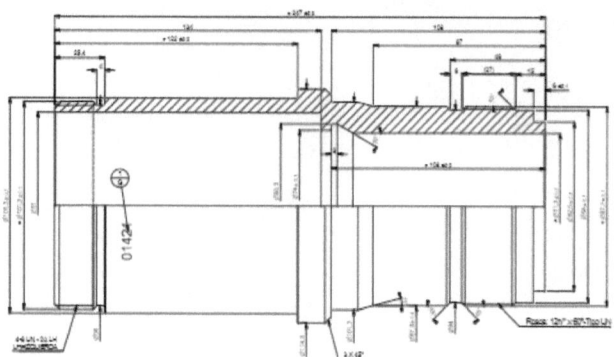

1ra op

O0363

G28U0

T1111(WNMG080408)

G92S1000M3

G96S175M3

G0Z10

G0X115.2

Z7M8

G71U1.8R1

G71P1Q2U0.01W0.01F0.29

N1G0X66

G1Z0

X100

G1X101.5Z-2

```
Z-25.4

X105.4

Z-122

X113.5

N2Z-140

G0X200

Z150

G28U0

T0404

G0Z4

G92S1000M3

G96S170M3

G0X70

G71U1.7R1

G71P3Q4U-0.1W0.01F0.3

N3G0X88

G1Z-134

X75

X73Z-134.8

N4Z-143

G0X70

Z100

G28U0
```

```
T0909

(TNMG160408)G92S1000M3

M76

G96S160M3

G0X118

Z-122

M8

G1X107F0.19

G0X110

Z2

G0X106

Z0

G1X86F0.2

G0Z0.2

X95

G1Z0

X101.5Z-2.7

Z-22.4

X100.5Z-22.5

Z-25.4

G0X101.6

Z-22.4

G1X99Z-22.5
```

```
Z-25.4

G0X101.6

Z-22.4

G1X98Z-22.5

Z-25.4

X104.3

X105.3Z-26.1

X105.25Z-122F0.24

X111.5

X112.5Z-122.7F0.25

Z-141

G0X200

Z120

G28U0

T0707(3EL8UN)

G97S220M4

G0Z4

G0X104

G76P010060Q190R0.1

G76X97.75Z-24.3P2500Q380F3.175

G0X150

Z220

G28U0
```

```
G97S0

G92S1000M3

G96S160M3

T0202(WNMG08408MANGO40)

G0Z10

G0X68

Z-130

X72

G1Z-143F0.23

G0X66

Z-134

G1X86

G0Z2

X92

G1Z0

X91.07Z-1

X91Z-134

X75

X73.95Z-134.8

Z-143

G0X70

M75

M9
```

```
Z100

G28U0

M12

M30

%


2da op

O0357

G28U0

T1111(WNMG080408)

G92S1000M3

G96S174M3

G0X115

Z7

M8

G71U2.R1

G71P1Q2U0.05W0.05F0.3

N1G0X67

G1Z0

X81.5

G1X82.5Z-.7

Z-6

X93
```

```
X94Z-7

Z-15.4

X97.4Z-17

Z-44

X97.25

X97.21Z-87.4

X101.3Z-94.8

Z-108

X106.5

N2X113.5Z-111.5

M76

G28U0

G0Z120

G92S1100M3

G96S172M3

T0909(TNMG160408)

G0Z3

X115

G70P1Q2F0.25

G0Z3

X98

Z-41.5

G1X95.5Z-42
```

```
Z-48.5

X97.4Z-50

G0X98

Z-41.5

G1X94Z-42

Z-48.5

X97.4Z-50.3

Z-50.4

X94Z-48.5

G0X200

Z200

G28U0

T0101(3ER12UN)

G97S290M3

G0X99

Z-10

G76P010060Q180R0.15


G76X95.5Z-46P2000Q500F2.116

G0X200

Z120

G28U0

T0404(WNMG080408MANGO50MM)
```

G0Z5

G0X72.5

Z2

G92S1000M3

G96S160M3

G1Z0F0.3

X71.2Z-1

Z-107

G0X70

Z100

G28U0

T0202(VBMT160408MANGO40MM)

G0X96

G0Z3

G1Z0

X72.6

G1Z0

X71.34Z-1

X71.26Z-98

G1X74Z-105F0.15

Z-108

G0X71

Z-98

```
G1X75.5Z-105

Z-108

G0X71

Z-98

G1X77Z-105

Z-108

G0X71

Z-97.2

G1X78.2Z-105

Z-108

G0X71

Z-97.2

G1X71.29

X79.5Z-105

Z-108

G0X71

Z-97.2

G1X71.29

X80.3Z-104.8

Z-108

X75

X73.8Z-108.7

Z-109
```

```
X74.8Z-108

G0X70

M75

Z100

G28U0

M12

M30

%
```

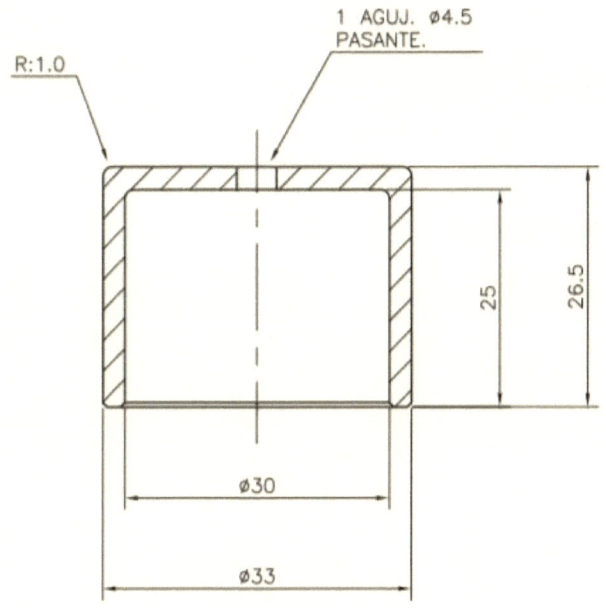

1 AGUJ. Ø4.5
PASANTE.

R:1.0

26.5

25

Ø30

Ø33

:1000

T0202

G0Z0.5

X0

M0

G0Z120.

```
N10T0707

N20G97S1600M3

N30G0Z5M8

N40X0

N50G1Z-10F0.08

N60G0Z-9

N70G1Z-20

N80G0Z-19

N90G1Z-25

G0Z3
```

X2

G1Z-25F0.11

G0X1Z-24

N100G0Z50

N110T0606

N120G92S2200M3

N130G96S230M8

N140G0X33

N150Z0

N160G1X26F0.2

N170G0X30.15

N180G1X31.5Z-0.7

N190Z-29.7

N200G0X60

N210Z120

N220T0808

N230G92S2200M3

N240G96S200M8

N250G0Z10

N260X10

N270Z0

N280Z-23

N290G1Z-25F0.14

N300G0Z-23

N310X14

N320G1Z-25F0.11

N330G0Z-23

N340X18

N350G1Z-25

N360G0Z-23

X22

G1Z-25F0.1

G0Z-23

N370X27

N380G1Z-25

N390G0Z2

N400X30.5

G1Z0

X29Z-0.6F0.17

N410G1Z-25.02

N420Z-25.1X4

X29Z-25.04

G0X28Z-23

N430G0Z80

N440T0101

N450G97S1200M3

N460G0Z10

N470X0

N480Z-23

N490G1Z-25.5F0.05

N500G0Z-23

N510G1Z-30F0.1

N520G0Z80

N530T0303

N540G92S1200M3

N550G96S120M8

N560G0X33

N570Z0

N580Z-29.5

N590G1X28F0.1

```
N600G0X33

N610Z-27.8

N620G1X31.5

N630G3X29.5Z-29.5R1.4

G1X30

G1X5

G97S500M3

N640G1X0M9

N650G0X33
N660Z120
M30
```

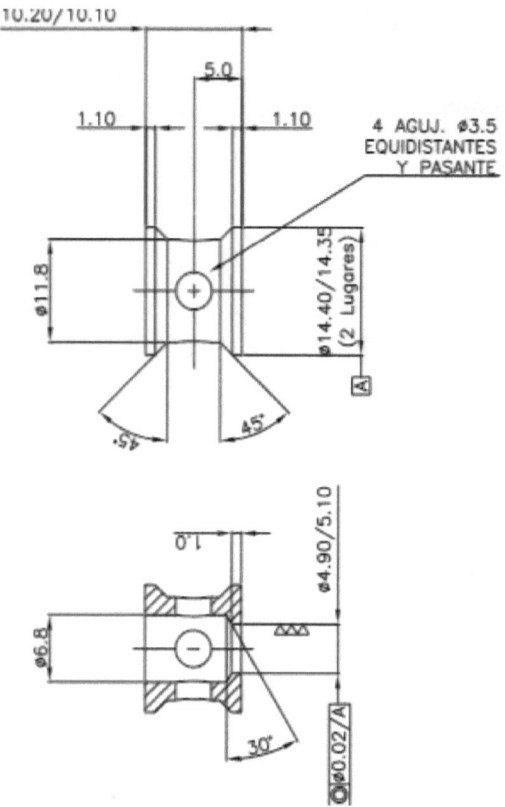

:0971

T0303

G0X0

Z0

M24

M0

M25

G0Z100

```
T0404(VNMG160308)

G92S2200M3

N10G96S111M3

N20G0X17

Z0

M8

G1X-0.5F0.11

G0Z0.5

X13.4

G1Z0.1

X14.5Z-0.7

Z-2.3

X13Z-3.8

Z-8.1

X14.5Z-9

G0X17

Z0.5

X13.5

G1Z0.05

X14.5Z-1

N10G1Z-2.5

G1X14.5

X12.2Z-3.7
```

Z-8

X14.5Z-9.4

Z-13.5

G0X20

Z100

T1111(MECHA DE CENTRAR)

G97S850M3

G0X0

Z3

G1Z-1F0.07

N10Z-0.95

N20G1Z-1.5

N30G0Z0

N40Z-1.45

N50G1Z-2.4

N60Z-2.35

G0Z100

T0101(MECHA DE 4.75)

G0X0

Z2.

G1Z-3F0.08

G0Z1.

Z-2.9

```
G1Z-5.
G0Z3.
Z-4.95
G1Z-6.5
G0Z3.
Z-6.45
G1Z-8
G0Z3
Z-7.95
G1Z-10
Z-9.95
Z-10.8
G0Z2
Z-10.75
G1Z-11.8
G0Z2
Z-11.75
G1Z-12.7
G0Z2
Z-12.65
G1Z-13
G0Z3
N30G0Z2
```

```
G0Z2

X0

G1Z-2.3F0.05

G97S1300M3

N10X0Z-2.3

Z-4

G1X0

Z1

N30G0Z100

G0Z100

N80T0505

(CORTE GIM 3J IC328)

G96S60M3

N20G0X15.3

Z-0.7

G1X14.8F0.1

N30X13.8Z0F0.07

G1X3F0.1

G0Z0.2

X14.6

Z-4.1

G1X11.8Z-5.4

G0X14.6
```

Z-7

G1Z-13

G0X14.65

Z-9

G1X11.8Z-7.7

G0X14.7

Z0

X14.37

G1Z-3.75

X11.8Z-5.1

Z-8.1

X14.37Z-9.4

Z-13.15

N30G1X14.4F0.2

G1X12F0.055

G0X14.6

Z-12.5

G1X13.8Z-13.15

X11

X11.05

X10

X10.04

X9

X9.02

X8

X8.02

X7

X7.05

X6

X6.05

X5.5

X5.55

X5

X5.05

G97S1000M3

X4.5F0.07

X4.55

X3.5F0.1

X3.55

X3

X3.05

N10X2.5

N20X2.55

N30

X0X0.1

N40X-0.4

```
N50
G0X20
N10G0X100
M76
N20Z100
N30M30
%
```

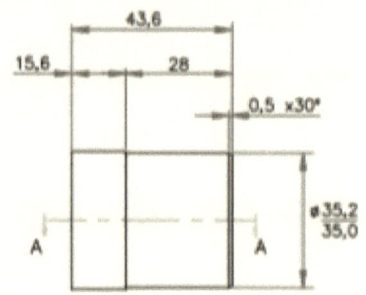

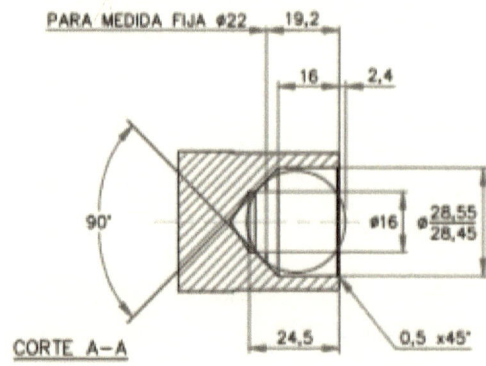

CORTE A-A

:1191

M8

N10G97S2350M3

T0505

```
N10G0X0

N10Z4.0

G1Z-5F0.09

N10Z-4.8

N20Z-8

N30Z-7.9

N40Z-12

N50Z-11.9

N60Z-14

N70Z-13.9
```

N80G01Z-16F0.08

G00Z50M09

T0707

M8

N10G97S500M03

G0X0Z5M8

Z-14.6

G1Z-17F0.09

G1Z-21F0.13

Z-20.9F0.14

Z-23

Z-22.9

Z-25

Z-24.9

Z-26.3

Z-27.45

G00Z40

N10G92S3100M3

N20T0303

G96S235M3

```
G0X38

Z0

G1X35.7F0.2

Z0X33.96

X22

G0Z0.3

X33.9

G1Z0

X35.1Z-0.9

G1X35.09Z-22
```

```
G0X37

Z120

T0101

N10G92S2400M3

N10G96S225M03

G00X22Z3M8

Z-14

G01Z-16F0.2

X16Z-22.25

G00X15Z-14
```

X26

G01Z-16

X16Z-22.25

G00X15Z2

X30.1

G01Z0

X28.5Z-0.8F0.1

Z-16.1F0.2

X16.5Z-22.1

X15.5Z-22.6

G00X15Z120

N10X100

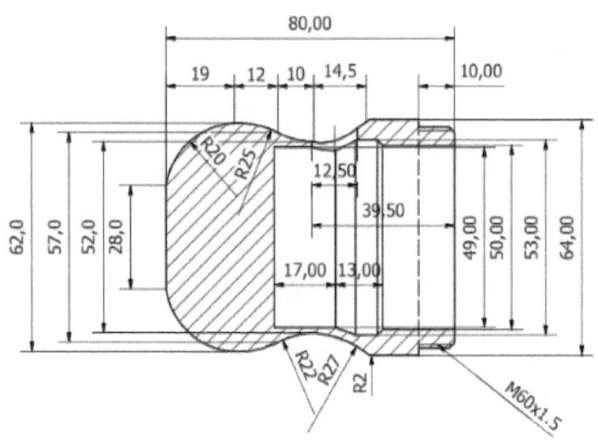

1ra op

O0650

G28U0

T0101

G0X50Z0.5

M0

G0Z1

G97S1000M3

G0X68

Z0

G1X45F0.2

G0Z0.3

X56

```
G1Z0

X59.9Z-1.5

Z-8.8

X57.7

Z-10

X62.1

G3X63.4Z-11.2R1.5

G1Z-27

G1X62.5Z-29F0.5

Z-83.5

G0X100

Z100

G28U0

T0606

G0Z10

G0X0

Z3

G1Z-50F0.2

G0Z100

G28U0

G97S1000M3

T0909

G0X62
```

```
Z3

G76P010060

G76X58.5Z-9.1P1500Q600F1.5

G0X100

Z100

G28U0

T0808

G0Z10

G0X52

Z3

G1Z0F0.2

X50.05Z-1.5F0.15

Z-22

X53

Z-27

X49Z-33

Z-50

X0

G0Z100

G97S1000M3

G28U0

T0303

G0X68
```

```
Z-83.3

G1X4F0.2

G0X100

Z100

G28U0

M30

%


2da op

2323

N10T1212

N20G92S1500M3

N30G96S290M3

N40G0X66

N50Z3

N70G0Z3

N80X65

N90G71U2.5R1

N100G71P1Q2U1W0.1F0.28

N1G0X-1

N11G1Z0

X28

N21G3X62Z-19R20
```

```
N31G3X57Z-31R25

N51G2X62Z-55R21

G3X63.6Z-56.5R3

N2G1X64Z-56.9

T1212

G92S1500M3

G96S290M3

N71G0Z3

N81X67

N91G70P1Q2F0.13

G0Z-0.1

X31

G1X-0.9F0.15

N101G0Z100

N111X100

N121M76

N131M30
```

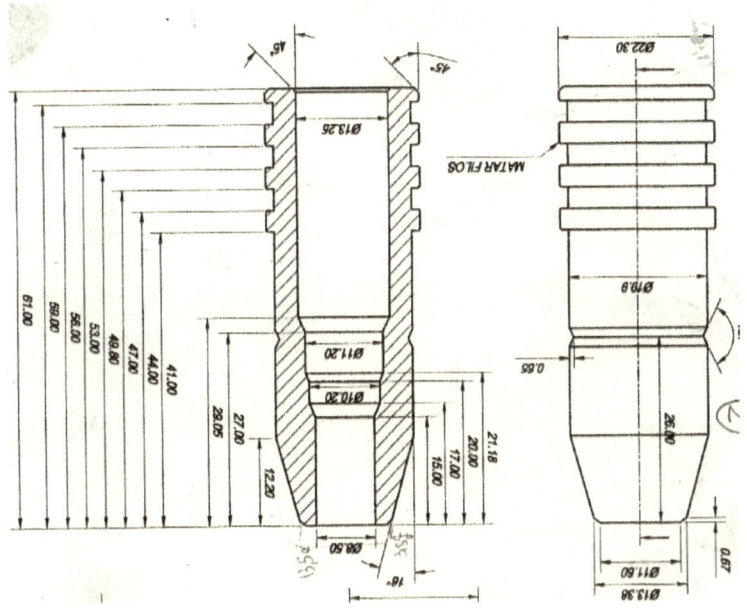

0911

T0202

N10G0X0Z-63

N20M24

N30M0

N40M25

N50X40Z60

N60

N10M98P170912

N20M30

:0912

G0X50M9

N10G0Z100

N10T0808

N20G0X0M5

N30Z-60

N40G94

N50G1Z-70F6000

N60M24

N70G1Z-5.58F12000

M25

N10Z-5.3F500

N90G95

N100G0Z80

N110X130

N115G92S3350M3

N120G96S150

T0202

N10G0X25

N20Z0

```
N30G1X0F0.2M8

N40G0Z0.3

N50X21.5

N60G1X22.3Z-1.2

N70G1Z-5

N80X21.5

N90X22.3Z-6

N100Z-11

X21.5

X22.3Z-12
```

Z-17

X21.5

X22.3Z-18

N110Z-23

N120X20

N120Z-34

N130X18.6Z-36

N140X20Z-37.58

N150

Z-50

X15.5Z-64

N130G0X100

N140Z100

N150T0505

G0X23

Z-4.2

G1X22.5F0.18

X21.5Z-5

X19.9

```
G0X22.5

Z-5.6

G1X21.5Z-5

N10G0X23

Z-10.2

G1X22.5

X21.5Z-11

X19.9

G0X22.5

Z-11.6
```

```
G1X21.5Z-11

N10G0X23

Z-16.2

G1X22.5

X21.5Z-17

X19.9

G0X22.58

Z-17.6

G1X21.5Z-17

N10G0X24
```

Z-22.2

G1X22.5

G1X21Z-23

X19.9

Z-51.8

X12.5Z-64.2

N160N220G0X100

N230Z150

G97S2200

N240T0707

```
N250G0X0

N260Z3

N270G1Z-5F0.1

N280G0Z150

N290T0606

N300G0X0

N310Z3

N320G1Z-20
N330G0Z3
N340Z-19.8
N350G1Z-30
N360G0Z3
```

N370Z-29.8

N380G1Z-40

N390G0Z3

N400Z-39.8

N410G1Z-48

N420G0Z3

N430Z-47.7

N440G1Z-53

G0Z3

Z-52.8

G1Z-60

G0Z8

Z-59.8

N10G1Z-64

N450G0Z58

N460T0505

N470G0X25

N480Z-64

N490G1X13

N500G0X20

N510Z-63

N520G1X13.58

N530X11.5Z-64

N540X0

N550G0X100

N560Z81

N570M99

N580%

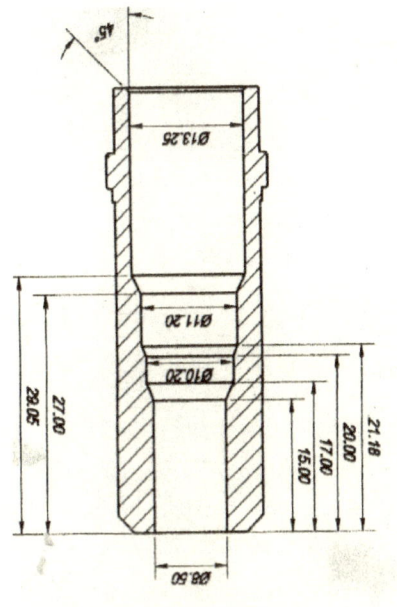

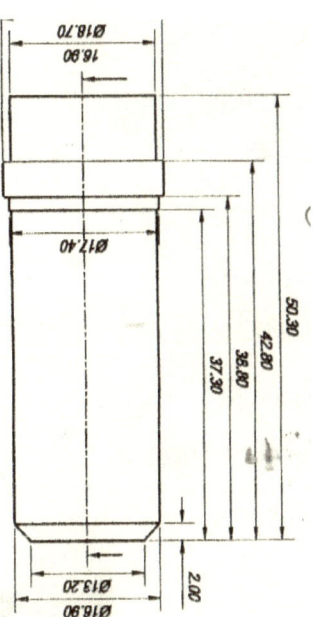

0909

T0202

N10G0X0Z-52

N20M24

N30M0

N40M25

N50X40Z60

N60

N10M98P200910

N20M30

N30%

```
0910

G0X50M9

N10G0Z100

N10T0808

N20G0X0M5

N30Z-50

N40G94

N50G1Z-60F6000

N60M24

N70G1Z-6.5F7000

M25

N10Z-6.3F500

N90G95

N100G0Z80

N110X130

N115G92S3350M3

N120G96S150

T0202

N10G0X19.5

N20Z0

N30G1X0F0.2M8

N40G0Z0.3

N50X15.5
```

N60G3X16.9Z-1.8R2

N70G1Z-7.5

N80X18.

N90X18.5Z-8

N100Z-16

N110X17.3

N120Z-54

N130G0X100

N140Z100

N150T0505

N160G0X19.5

N170Z-14.5

N180G1X17.4F0.2

N190Z-16

N200X16.9

N210Z-54

N220G0X100

N230Z150

G97S1700

N240T0707

N250G0X0

N260Z3

N270G1Z-5F0.1

```
N280G0Z150

N290T0606

N300G0X0

N310Z3

N320G1Z-20

N330G0Z3

N340Z-19.8

N350G1Z-30

N360G0Z3

N370Z-29.8

N380G1Z-40

N390G0Z3

N400Z-39.8

N410G1Z-48

N420G0Z3

N430Z-47.7

N440G1Z-53

N450G0Z58

N460T0505

N470G0X20

N480Z-53.3

N490G1X13

N500G0X20
```

N510Z-51

N520G1X17.2

N530X13.3Z-53.3

N540X0

N550G0X100

N560Z81

N570M99

N580%

www.ingramcontent.com/pod-product-compliance
Lightning Source LLC
Chambersburg PA
CBHW021505210526
45463CB00002B/902